U0189962

青岛市既有农房能效提升技术导则

（试行）

住房和城乡建设部科技与产业化发展中心　主编
青 岛 市 住 房 和 城 乡 建 设 局　发布

中国海洋大学出版社
·青岛·

图书在版编目（CIP）数据

青岛市既有农房能效提升技术导则：试行／住房和城乡建设部科技与产业化发展中心主编．－－青岛：中国海洋大学出版社，2022.3

ISBN 978-7-5670-3115-9

Ⅰ．①青…　Ⅱ．①住…　Ⅲ．①农村住宅－采暖－建筑设计－节能设计－技术规范－青岛　Ⅳ．①TU832.5-65

中国版本图书馆 CIP 数据核字（2022）第 040252 号

出版发行	中国海洋大学出版社	
社　　址	青岛市香港东路 23 号　　邮政编码　266071	
出 版 人	杨立敏	
网　　址	http://pub.ouc.edu.cn	
订购电话	0532－82032573（传真）	
电子信箱	1922305382@qq.com	
责任编辑	邵成军　　　　　　　　电　　话　0532－85902533	
印　　制	青岛瑞丰祥印务有限公司	
版　　次	2022 年 3 月第 1 版	
印　　次	2022 年 3 月第 1 次印刷	
成品尺寸	144 mm × 215 mm	
印　　张	1.25	
字　　数	25 千	
印　　数	1—1 000	
定　　价	35.00 元	

青岛市住房和城乡建设局文件

青建办字〔2021〕79 号

青岛市住房和城乡建设局关于印发《青岛市既有农房能效提升技术导则（试行）》通知

各区市清洁取暖建设推进办公室，各相关单位：

现将《青岛市既有农房能效提升技术导则（试行）》印发给你们，自发布之日起试行期一年，请认真贯彻执行。执行过程中的意见建议请反馈青岛市清洁取暖建设推进办公室（地址：市南区澳门路 121 号甲 1116 室，邮箱：qdsqjqnb@163.com）。

《青岛市既有农房能效提升技术导则（试行）》由青岛市住房和城乡建设局负责管理，由住房和城乡建设部科技与产业化发展中心负责解释。

附件：青岛市既有农房能效提升技术导则（试行）

青岛市住房和城乡建设局
2021 年 10 月 27 日

前　言

　　为科学推动青岛市农村地区清洁取暖工作,提高农房建筑能效水平和室内舒适度,受青岛市住房和城乡建设局委托,住房和城乡建设部科技与产业化发展中心组织相关单位在深入调研、借鉴经验、总结实践的基础上,结合青岛市实际情况,编制了《青岛市既有农房能效提升技术导则(试行)》。

　　本导则主要内容包括总则、术语、基本规定、节能评估、能效提升方案、附加阳光间、能效提升验收等,用于规范和指导青岛市既有农房能效提升工程的实施。

　　本导则由青岛市住房和城乡建设局负责管理,由住房和城乡建设部科技与产业化发展中心负责具体技术内容的解释。执行过程中如有意见或建议,请及时反馈。

主编单位：住房和城乡建设部科技与产业化发展中心

参编单位：中国建筑科学研究院有限公司

中国建筑节能协会建筑节能服务专业委员会

沈阳建筑大学

青岛理工大学

青岛市建筑工程管理服务中心

山东兴华建设集团有限公司

青岛亿联建设集团股份有限公司

起草人员：程　杰　董　璐　刘　洋　刘幼农　马　晴

丁洪涛　梁传志　鲁倩男　张珣珣　姚春妮

冯晓梅　宋广伟　赵文涛　吴　昆　侯隆澍

刘　龙　刘　馨　王珊珊　崔红社　刘　珊

郭健翔　杨远程　黄　冬　柴俊东

审查人员：冯国会　郭维圻　胥小龙　王崇杰　朱传晟

目　录

1 总　则

1.0.1　为贯彻落实山东省和青岛市相关政策规定,指导农村地区既有农房能效提升改造,提高既有农房舒适度和能源利用效率,制定本导则。

1.0.2　本导则适用于青岛市农村地区2层及以下既有农房能效提升工程,2层以上既有农房能效提升工程可参照《山东省农村既有居住建筑围护结构节能改造技术导则(试行)》JD14-046和《山东省既有居住建筑供热计量及节能改造技术导则(试行)》JD14-011的相关规定执行。

1.0.3　既有农房能效提升除应符合本导则规定外,尚应符合国家、山东省和青岛市现行有关标准的规定。

2 术 语

2.0.1 既有农房

在农村宅基地上已建成的用于农民居住的低层建筑,不包括多层单元式住宅和窑洞等特殊居住建筑。

2.0.2 既有农房能效提升

对既有农房围护结构、用能设备和系统进行节能改造,降低建筑能耗、提升建筑能效水平的活动,简称"能效提升"。

2.0.3 清洁取暖

利用天然气、电、地热能、太阳能、工业余热、清洁化燃煤、核能等清洁化能源,采用高效用能系统实现低排放、低能耗的取暖方式,包含以降低污染物排放和能源消耗为目的的取暖全过程,涉及清洁热源、高效输配管网(热网)、节能建筑(热用户)等环节。

2.0.4 节能评估

依据国家、山东省和青岛市相关标准或导则,对农村地区既有农房围护结构、取暖方式、用能设备和系统进行调查和分析,确定围护结构热工性能、取暖方式及用能设备和系统现状,并提出节能改造建议和节能潜力分析评价的过程。

2.0.5 附加阳光间

　　在带有南向窗的采暖房间外使用玻璃等透光材料围合成的一定空间。

3 基本规定

3.0.1 既有农房能效提升不得影响原有建筑结构安全性能、抗震性能和防火性能。

3.0.2 既有农房能效提升应包括改造前的节能评估、改造技术方案的制定、改造施工及验收、档案整理与后期跟踪。

3.0.3 既有农房能效提升应根据节能评估结果,从技术可靠性、可操作性和经济性等方面进行综合分析,同时应结合当地村庄和农房改造规划、地理位置、自然资源条件、社会发展水平、传统做法以及农民生产和生活习惯,因地制宜地选取技术经济合理、节能效果明显、安装工艺便捷的能效提升方案和技术措施。

3.0.4 既有农房能效提升工程所用材料和设备性能应符合现行国家、山东省和青岛市相关标准规定以及设计文件要求,严禁使用明令禁止和淘汰的材料和设备。

3.0.5 既有农房能效提升工程应委托具有相应专业资质的单位进行施工,施工完成后应进行工程质量验收。

3.0.6 既有农房能效提升工程质量验收合格后,项目实施主体应向用户提供《既有农房能效提升工程使用须知》,指导用户正确使用、维护和保养节能设施。

3.0.7 既有农房能效提升工程应以户为单位,建立清洁取暖相关档案资料,便于项目后期跟踪、评估与管理。

3.0.8 既有农房能效提升应综合考虑当地经济发展水平,重点提升卧室、起居室(客厅)等主要居住和生活空间的舒适度,改造后宜实现能效提升 30％以上。

4 节能评估

4.0.1 能效提升实施前，应对既有农房现状进行节能评估。

4.0.2 节能评估应包括下列主要内容：

  1 改造前应充分了解既有农房建造年代、结构形式、围护结构现状、室内热环境、取暖方式等，可采用现场调查和抽样检测的方式进行；

  2 现场调查宜以村为单位，房屋构造和形式相近的既有农房可选择具有代表性的房屋建筑开展调查，且抽样比例不低于能效提升工程数量的 10%；

  3 节能评估过程中应填写《既有农房能效提升现场调查表》（附录 A）。

4.0.3 节能评估后应出具节能评估报告，包括下列内容：

  1 既有农房概况；

  2 围护结构、取暖方式及用能设备和系统现状；

  3 节能改造建议和节能潜力分析；

  4 《既有农房能效提升现场调查表》（附录 A）。

5 能效提升方案

5.1 一般规定

5.1.1 能效提升应以"节约用、清洁供"为原则,因房而宜,科学选择改造技术路线,对建筑物耗热量指标影响大、改造工程量小的部位优先进行改造。

5.1.2 能效提升技术方案可参照本导则附录 B《既有农房能效提升技术方案参考表》或《山东省农村既有居住建筑围护结构节能改造技术导则(试行)》JD14-046 附录 B、附录 C 和附录 D 选用。

5.1.3 能效提升宜优先选用成熟的节能技术和产品。

5.1.4 能效提升方案应确定改造部位的材料、厚度等热工性能参数,并提升改造部位的构造措施和节点做法。

5.1.5 建设、施工等单位应加强材料和部品的进场验收管理,严格核查材料和部品的进场报验单、进货单、产品合格证、检验报告等资料,及时进行相关检验和检测委托工作。

5.1.6 能效提升工程所用的材料和部品应按照相关标准要求的检验批次实行见证取样送检,见证人员和取样人员应对试样的代表性和真实性负责,检测机构应对材料和部品检测报告的准确性和真实性负责。

5.1.7 能效提升工程施工前应按照相关规定做好安全防护,并符合相关标准的规定。

5.2 围护结构

5.2.1 围护结构节能改造包括外墙、门窗、屋面、檐廊等部位。

5.2.2 外墙和屋面的保温性能未达到现行国家标准《农村居住建筑节能设计标准》GB/T50824 的规定时,宜进行节能改造。

5.2.3 外窗的传热系数大于或等于 4.7 W/(m²·K)以及气密性等级低于现行国家标准《建筑外门窗气密、水密、抗风压性能分级加测方法》GB/T7106 中规定的 2 级时,宜进行节能改造。

5.2.4 围护结构节能改造宜根据当地气候条件和资源状况选择适宜的保温构造形式和保温材料。

5.2.5 围护结构节能改造所选用的保温材料应符合相关标准的规定,且燃烧性能等级不得低于 B₁ 级。

5.2.6 围护结构保温工程施工现场不应有高温或明火作业,施工时应采取可靠的防火安全管理措施,并应满足《青岛市建设工程外墙保温等施工用可燃易燃材料消防安全管理导则》(青建办字〔2020〕77 号)的规定。

5.2.7 围护结构保温工程施工产生的可燃易燃建筑垃圾或余料应及时清理,严禁长时间堆积在施工现场。

5.2.8 围护结构保温工程的保温材料施工后应及时做好防护层或采取相应保护措施,完工后应做好成品保护。

5.2.9 围护结构保温工程施工期间,环境温度不应低于 5 ℃;在 5 级以上大风天气和雨天不得施工。

5.2.10 围护结构节能改造后的外立面应与周边环境相协调,

体现地域特征、地方特色和乡村风貌。

Ⅰ　外墙

5.2.11　外墙节能改造应选用成熟可靠并符合相关标准规定的保温系统和技术措施。

5.2.12　外墙保温系统和组成材料的性能指标应符合国家现行标准《外墙外保温工程技术标准》JGJ144 和《外墙内保温工程技术规程》JGJ/T261 的相关规定。

5.2.13　外墙保温工程施工前,应对基层墙体进行检查和处理:

　　1　表面与基层墙体结合不牢固以及污染严重的面层、空鼓开裂的砂浆面层等应彻底清除,表面应采用适宜强度的水泥砂浆或聚合物砂浆找平;

　　2　涂料面层、空鼓的饰面层等均应清除。必要时应对基层墙体进行界面处理,并对不平的表面采用水泥砂浆或聚合物砂浆找平;

　　3　处理原有基层墙体面层时,应考虑对周围环境的影响。

5.2.14　外墙保温工程不应更改系统构造和组成材料。

5.2.15　外墙保温工程施工单位应编制专项施工方案,施工前应对施工人员进行技术交底和必要的实际操作培训。

5.2.16　穿过外墙保温系统安装的设备、穿墙管线或支架等应固定在基层墙体上,并应做好密封和防水处理措施。

5.2.17　当采用外墙外保温构造做法时应符合下列规定:

　　1　外墙外保温系统应根据农村生产和生活习惯,选择强度高、施工简便、造价可承受的保温材料和系统,宜优先选用模塑聚苯板(EPS 板)、挤塑聚苯板(XPS 板)、硬泡聚氨酯板(PUR板)、无机轻集料保温砂浆等外墙外保温材料;

2 外墙外保温系统的设计与施工应满足现行行业标准《外墙外保温工程技术标准》JGJ144 的相关规定；

3 当选用燃烧性能为 B_1 级的保温材料时，首层防护层厚度不应小于 15 mm，其他层防护层厚度不应小于 5 mm 且不宜大于 6 mm；

4 外墙外保温工程应做好保温层勒脚、门窗洞口、屋檐等部位的保温和防水构造节点的设计和施工，避免雨水沿外墙顺流，侵蚀破坏外墙外保温系统；

5 外墙外保温工程首层、门窗四角和阴阳角等部位应采取双层玻纤网布等加强措施，防止外力撞击或磕碰造成的保温层破坏、失效；

6 外墙外保温工程的饰面层宜采用浅色涂料、饰面砂浆等轻质材料。当需采用饰面砖时，应依据相关标准制定专项技术方案和验收方法，并应组织专题论证。

5.2.18 当采用外墙内保温构造做法时应符合下列规定：

1 外墙内保温系统所选用的保温材料宜采用 A 级，当选用燃烧性能为 B_1 级的保温材料时，应符合低烟、低毒的特性，并应满足防火相关规定；

2 外墙内保温系统的设计与施工应满足现行行业标准《外墙内保温工程技术规程》JGJ/T261 的相关规定；

3 保温板或复合保温板与基层墙体宜采用黏结砂浆或黏结石膏（有防水要求时不应采用黏结石膏）等材料固定；

4 当选用燃烧性能为 B_1 级的保温材料时，应采用不燃材料或难燃材料做防护层，且防护层厚度不应小于 6 mm；

5 门窗四角和阴阳角等部位的抹面层中应采取双层玻纤网布等加强措施，门窗洞口内侧面应做保温；

6 外墙内保温工程施工应选用符合环保要求的材料,且不应对室内空气质量产生不利影响;

7 热桥部位应采取可靠的保温措施,防止内表面结露。

5.2.19 当外墙节能改造采用其他形式的保温构造做法时,应依据国家现行相关标准制定专项技术方案和验收方法,并应组织专题论证。

II 外门窗

5.2.20 外门窗节能改造应综合考虑既有农房具体情况,以及安全、保温、隔声、通风、采光等要求。改造后的门窗整体性能应符合相关标准的规定。

5.2.21 外窗节能改造可采用保留原窗户基础上再增加一樘新窗或更换新窗等措施:

1 在原有外窗窗台空间允许的情况下,可增加一樘新窗。当原有外窗为木或塑料单玻窗时,可加装塑料或铝合金单玻窗;当原有外窗为钢或铝合金单玻窗时,可加装塑料单玻窗或铝合金中空玻璃窗;

2 整窗拆除,更换新窗。当原有外窗更换为新窗时,应采用塑料中空玻璃窗或隔热型材铝合金中空玻璃窗;

3 增设保温窗帘;

4 在原有玻璃上贴膜或镀膜。

5.2.22 加装或更换新窗时,窗框与墙体之间的缝隙应采用高效保温材料封堵密实,并用耐候密封胶嵌缝,不应采用普通水泥砂浆填缝,以减少开裂、结露和空气渗透。

5.2.23 外窗节能改造后的传热系数不应大于 2.8 W/(m^2·K),气密性能不低于《建筑外门窗气密、水密、抗风压性能分级及检测方法》GB/T7106 规定的 4 级。

5.2.24 单层外门可采取更换为保温门、加保温门帘、加门斗等措施。

5.2.25 门窗节能改造应符合国家现行标准《塑料门窗工程技术规程》JGJ103 和《铝合金门窗工程技术规范》JGJ214 的相关规定。

III 屋面

5.2.26 屋面节能改造应符合现行国家标准《屋面工程技术规程》GB50345 的相关规定。

5.2.27 屋面节能改造宜在原有屋面上进行,不宜改动原构造层。

5.2.28 屋面热桥部位应按设计要求采取节能保温等隔断热桥措施。

5.2.29 屋面节能改造工程所用保温材料的燃烧性能应满足国家现行标准《建筑设计防火规范》GB50016 和《建筑内部装修设计防火规范》GB50222 的相关规定。

5.2.30 屋面节能改造工程施工单位应编制专项施工方案,施工前应对施工人员进行技术交底和专业技术培训,并应做好安全防护措施,对施工过程实行质量控制。

5.2.31 平屋面原有防水层完好、承载能力满足安全要求时,可直接在原屋面上增设保温层和保护层,形成倒置式屋面构造做法,并应符合现行行业标准《倒置式屋面工程技术规程》JGJ230 的相关规定。当原屋面防水有渗漏问题时,应重新进行防水和保温的施工。

5.2.32 坡屋面节能改造宜采用改造吊顶或新增吊顶保温的方

式,对于已有吊顶且承重能力满足保温层荷载要求的,可在吊顶上铺设保温材料;对于无吊顶的坡屋面,宜在坡屋面板下喷涂保温层或增设保温层吊顶。当屋面坡度较大时,保温层应采取防滑措施。

5.2.33 倒置式屋面保温材料宜选用表观密度小、压缩强度大、导热系数小、吸水率低的挤塑聚苯板(XPS板)、石墨挤塑聚苯板(SXPS板)或硬泡聚氨酯板(PUR板)等高效保温材料,不得使用松散保温材料,屋面坡度宜为3%。

5.2.34 坡屋面内表面保温层可选用喷涂聚氨酯硬泡体保温材料或无机纤维喷涂保温材料,吊顶上部保温层可选用膨胀珍珠岩颗粒保温包、改性酚醛保温集成板等保温材料。

5.2.35 屋面节能改造宜同步考虑安装太阳能热水系统。

5.3 供暖系统

5.3.1 热源选择宜按下列原则进行:

    1 在技术经济合理的前提下,优先选用空气能、太阳能、浅层地热能、中深层地热能等可再生能源或清洁能源;

    2 因地制宜地选用生物质燃料作为热源;

    3 其他清洁能源形式。

5.3.2 供暖系统节能改造应符合国家现行标准《村镇建筑清洁供暖技术规程》T/CECS614、《青岛市清洁取暖电代煤工程技术导则(试行)》和《青岛市清洁取暖气代煤工程技术导则(试行)》的相关规定。

6 附加阳光间

6.0.1 附加阳光间围护结构热工参数应符合下列规定：

    1 双玻窗夜间保温热阻为 0.3 $m^2 \cdot K/W$；

    2 单玻窗夜间保温热阻为 0.62 $m^2 \cdot K/W$；

    3 屋面传热系数为 0.30 ～ 0.40 $W/(m^2 \cdot K)$；

    4 地面传热系数为 0.24 ～ 0.30 $W/(m^2 \cdot K)$。

6.0.2 阳光间的平面形式宜与建筑立面平齐，除在南向墙面设置玻璃外，可在毗连的主房坡顶部分加设倾斜玻璃，受限制时可采用凹入建筑内部或半凹入建筑内部两种类型。

6.0.3 阳光间东西端墙不宜开窗或做成透光面。

6.0.4 阳光间集热面玻璃层数宜选择 1 层或 2 层玻璃并加设夜间保温装置。

6.0.5 阳光间宜与客厅或出入口相连，进深不宜过大。单纯作为集热部件的阳光间进深不宜大于 0.6 m，兼做使用空间的阳光间进深不宜大于 1.4 m。

6.0.6 阳光间与采暖房间的公共墙体应没有遮挡，墙面材料应选择深色、对太阳辐射吸收系数较高的材料，公共墙体上的门窗开孔率不宜小于公共墙面总面积的 15%。

6.0.7 阳光间地面宜选用深色材料，便于集热。

6.0.8 阳光间应注意夏季通风与遮阳设计,防止夏季过热。

6.0.9 阳光间内部应解决好冬季通风除湿问题,减少玻璃内表面结霜和结露。

6.0.10 阳光间内部应组织好室内空气的循环,在组织气流时,应保证白天阳光间与相连采暖房间内空气的循环畅通。

6.0.11 阳光间原理图和构造详图可参照本导则附录 D《附加阳光间原理图和构造详图》选用。

7 能效提升验收

7.0.1 能效提升工程完成后,由项目实施主体组织质量验收,技术支撑单位、施工单位和业主代表等相关方参加。

7.0.2 能效提升工程的质量验收应符合现行国家标准《建筑节能工程施工质量验收标准》GB50411 的相关规定。

7.0.3 能效提升工程所选用的围护结构保温系统及其组成材料,外门窗、供暖系统及其组成材料,阳光间部品和材料进场检验时,品种、性能指标和质量应符合设计文件和相关标准规范的要求。

7.0.4 能效提升工程质量验收应提交下列资料:

    1 节能评估报告;

    2 能效提升技术实施方案及相关设计文件;

    3 围护结构保温系统及其组成材料的质量证明文件等;

    4 外门窗的质量证明文件等;

    5 供暖系统及其组成材料的质量证明文件等;

    6 阳光间部品和材料的质量证明文件等;

    7 施工记录和隐蔽工程验收记录;

    8 其他相关文件和资料。

7.0.5 质量验收合格后,清洁取暖管理部门应对能效提升工程的实施情况进行型式检查。

7.0.6 能效提升工程应做到手续齐全,资料完整。型式检查应包括下列内容:

    1 能效提升工程质量验收资料;

    2 既有农房能效提升实施量核查表(附录 C);

    3 其他相关文件和资料。

7.0.7 型式检查后,清洁取暖管理部门应出具型式检查报告。

附录 A 既有农房能效提升现场调查表

项目地址		区（市）		街道（镇／乡）		村
联系人		联系方式		建造时间		年 月
建筑面积（m²）		层数／层高		入住时间		年 月
结构形式:砖混结构□ 石砌结构□ 框架结构□ 钢结构□ 木结构□ 其他(请注明）:						
围护结构	外墙	1. 基层墙体材料:实心黏土砖□ 空心砖□ 石材□ 土坯□ 木材□ 黏土□ 其他(请注明）: 2. 基层墙体材料厚度(mm）: 3. 保温层材料:无□ 保温砂浆□ 泡沫混凝土□ EPS 板□ XPS 板□ 水泥珍珠岩砂浆□ 玻璃棉□ 其他(请注明）: 4. 保温层厚度(mm）:				

围护结构	屋面	1. 平屋面□　坡屋面□ 2. 屋面结构层材料:预制混凝土板□　现浇混凝土板□ 　　木屋架□　钢屋架□　其他(请注明): 3. 结构层材料厚度(mm): 4. 保温层材料:无□　炉渣□　石棉板□　EPS板□ 　　XPS板□　稻壳□　木屑□　草料□ 　　其他(请注明): 5. 保温层厚度(mm):
	外窗	1. 选用型材及玻璃:木框+单玻□　木框+双玻□ 　　铝合金+单玻□　铝合金+双玻□　塑钢+单玻□ 　　塑钢+双玻□　其他(请注明): 2. 开启方式:平开□　推拉□
	外门	单层木门□　双层木门□　单层铝门□　双层铝门□ 塑钢门□　金属门□　其他(请注明):
供暖系统		1. 取暖方式:无□　土暖气□　火炕□　电采暖(电暖器/电 　　炉,电热毯)□　火炉□　燃池□　家用分体空调□ 　　空气源热泵□　燃气壁挂炉□　太阳能+地板辐射□ 　　其他(请注明): 2. 供暖(供冷)面积(m²):　　　　　供暖时间段: 3. 室内冷暖感受:很冷□　稍冷□　暖和□　稍热□ 　　很热□ 4. 设备(系统)故障及质量问题:

附录 B　既有农房能效提升技术方案参考表

改造部位	序号	具体措施	传热系数限值（W/（m²·K））		
			外墙	屋面	外窗
屋顶＋外窗	1	40 mm XPS 板平屋顶保温＋换中空玻璃窗或加塑料单玻窗	—	≤0.65	≤2.8
	2	30 mm PUR 板平屋顶保温＋换中空玻璃窗或加塑料单玻窗	—	≤0.65	≤2.8
屋顶＋阳光间	3	30 mm XPS 板平屋顶保温＋阳光间	—	≤0.84	—
	4	25 mm PUR 板平屋顶保温＋阳光间	—	≤0.84	—

吊顶 + 外窗	5	吊顶保温（60 mm 膨胀珍珠岩颗粒包）+ 换中空玻璃窗或加塑料单玻窗	—	≤0.65	≤2.8
	6	25 mm 改性酚醛保温集成板吊顶 + 换中空玻璃窗或加塑料单玻窗	—	≤0.65	≤2.8
吊顶 + 阳光间	7	吊顶保温（50 mm 膨胀珍珠岩颗粒包）+ 阳光间	—	≤0.84	—
	8	20 mm 改性酚醛保温集成板吊顶 + 阳光间	—	≤0.84	—
外墙外保温 + 外窗	9	50 mm EPS 板外保温 + 换中空玻璃窗或加塑料单玻窗	≤0.65	—	≤2.8
	10	60 mm EPS 板外保温 + 换中空玻璃窗或加塑料单玻窗	≤0.50	—	≤2.8
	11	50 mm XPS 板外保温 + 换中空玻璃窗或加塑料单玻窗	≤0.50	—	≤2.8
	12	40 mm PUR 板外保温 + 换中空玻璃窗或加塑料单玻窗	≤0.50	—	≤2.8

改造部位	序号	具体措施	传热系数限值		
			外墙	屋面	外窗
外墙外保温＋阳光间	13	50 mm EPS 板外保温＋阳光间	≤0.59	—	—
	14	40 mm XPS 板外保温＋阳光间	≤0.59	—	—
	15	30 mm PUR 板外保温＋阳光间	≤0.59	—	—
外墙内保温＋外窗	16	50 mm EPS 复合板外保温＋换中空玻璃窗或加塑料单玻窗	≤0.65	—	≤2.8
	17	50 mm XPS 复合板内保温＋换中空玻璃窗或加塑料单玻窗	≤0.50	—	≤2.8
	18	40 mm PUR 复合板内保温＋换中空玻璃窗或加塑料单玻窗	≤0.50	—	≤2.8
外墙内保温＋阳光间	19	50 mm EPS 复合板外保温＋阳光间	≤0.59	—	—
	20	40 mm XPS 复合板内保温＋阳光间	≤0.59	—	—
	21	30 mm PUR 复合板内保温＋阳光间	≤0.59	—	—

附录 C 既有农房能效提升实施量核查表

项目地址		区(市)　　　　街道(镇／乡)　　　　村			
联系人			联系方式		
建筑面积(m²)			改造面积(m²)		
设计单位			施工单位		
型式检查项目	改造部位	屋面□　外墙□　外窗□　外门□　供暖系统□　附加阳光间□			
	屋面	1. 保温构造:平屋面倒置式保温□　坡屋顶室内保温吊顶□　其他(请注明): 2. 保温材料厚度(mm): 　导热系数(W/(m·K)): 　蓄热系数(W/(m²·K)): 　热惰性指标: 3. 实施量(m²): 4. 其他说明:			

型式检查项目	外墙	1. 保温系统: 2. 保温材料:EPS板□　XPS板□　PUR板□ 　　保温砂浆□　其他(请注明): 3. 保温材料厚度(mm): 　　导热系数(W/(m·K)): 　　蓄热系数(W/(m²·K)): 　　热惰性指标: 4. 实施量(m²): 5. 其他说明:
	外窗	1. 改造方式:拆除旧窗,安装新窗□　不拆除旧窗,加 　　装一层窗□　增设保温窗帘□　原窗玻璃上贴膜或 　　镀膜□ 2. 改造所用配置: 　　传热系数(W/(m²·K)): 3. 改造数量(包括外窗尺寸、樘数及所在朝向): 4. 其他说明:
	外门	1. 改造方式:拆除旧门,安装保温门□　加装门斗 　　□　加保温门帘□ 2. 改造所用配置: 　　传热系数(W/(m²·K)): 3. 改造数量: 4. 其他说明:
	供暖系统	1. 热源形式:太阳能□　生物质能□　空气源热泵 　　□　地热能□　燃气□　电□　其他(请注明): 2. 末端形式:暖气片□　风机盘管□　地板辐射 　　□　顶板辐射□　其他(请注明): 3. 实施量(m²): 4. 其他说明:

型式检查项目	附加阳光间	1. 附加阳光间:是□　否□ 2. 实施量(m²): 3. 其他说明:

注:1. 本表中所涉及的单位名称须使用全称;2. 进行现场核查时应收集齐全相关资料。

附录 D 附加阳光间原理图和构造详图

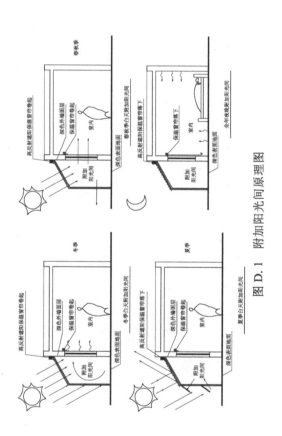

图 D.1 附加阳光间原理图

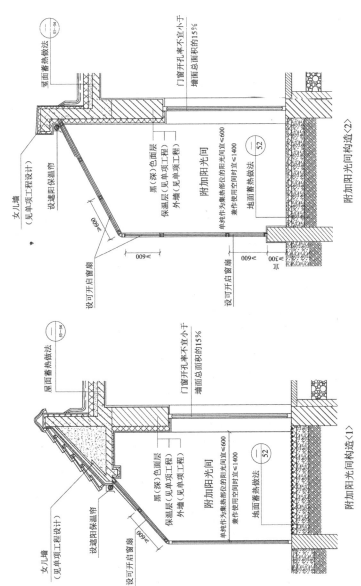

图 D.2 附加阳光间构造详图

引用标准名录

本导则所遵循的国家规范、标准法则主要包括但不仅限于以下所列范围：

1 《建筑设计防火规范》GB50016

2 《民用建筑热工设计规范》GB50176

3 《建筑内部装修设计防火规范》GB50222

4 《屋面工程技术规程》GB50345

5 《民用建筑太阳能热水系统应用技术标准》GB50364

6 《建筑节能工程施工质量验收标准》GB50411

7 《民用建筑供暖通风与空气调节设计规范》GB50736

8 《建筑外门窗气密、水密、抗风压性能分级加测方法》GB/T7106

9 《农村居住建筑节能设计标准》GB/T50824

10 《严寒和寒冷地区居住建筑节能设计标准》JGJ26

11 《塑料门窗工程技术规程》JGJ103

12 《外墙外保温工程技术标准》JGJ144

13 《铝合金门窗工程技术规范》JGJ214

14 《倒置式屋面工程技术规程》JGJ230

15 《外墙内保温工程技术规程》JGJ/T261

16 《山东省既有居住建筑供热计量及节能改造技术导则（试

行）》JD14-011

17 《山东省农村既有居住建筑围护结构节能改造技术导则》
    JD14-046

18 《村镇建筑清洁供暖技术规程》T/CECS614

19 《农村地区被动式太阳能暖房图集（试行）》（建标
    〔2020〕66号）

20 《青岛市清洁取暖电代煤工程技术导则（试行）》（青建办
    字〔2021〕22号）

21 《青岛市清洁取暖气代煤工程技术导则（试行）》（青建办
    字〔2021〕22号）

22 《青岛市建设工程外墙保温等施工用可燃易燃材料消防安
    全管理导则》（青建办字〔2020〕77号）